BEI GRIN MACHT SICH IHR WISSEN BEZAHLT

- Wir veröffentlichen Ihre Hausarbeit, Bachelor- und Masterarbeit

- Ihr eigenes eBook und Buch - weltweit in allen wichtigen Shops

- Verdienen Sie an jedem Verkauf

Jetzt bei www.GRIN.com hochladen und kostenlos publizieren

Bibliografische Information der Deutschen Nationalbibliothek:

Die Deutsche Bibliothek verzeichnet diese Publikation in der Deutschen National-
bibliografie; detaillierte bibliografische Daten sind im Internet über http://dnb.d-
nb.de/ abrufbar.

Impressum:

Copyright © 2013 GRIN Verlag, Open Publishing GmbH
Druck und Bindung: Books on Demand GmbH, Norderstedt Germany
ISBN: 9783668004627

Dieses Buch bei GRIN:

http://www.grin.com/de/e-book/301662/der-zusammenhang-von-schlaf-und-
gesundheit-hinweise-fuer-einen-gesunden

Jan Siedentopf

Der Zusammenhang von Schlaf und Gesundheit. Hinweise für einen gesunden Schlaf

GRIN Verlag

Hausarbeit
zum Thema

„Zusammenhang zwischen Schlaf und Gesundheit"

Verfasser: Jan Siedentopf

Studiengang: Master Ökotrophologie 1. Semester

Modul: Ernährung und Gesundheit

Abgabedatum: 08.Januar 2013

Inhalt

1. Einleitung und Definition

Nur selten denkt man über die erstaunliche Tatsache nach, dass der Mensch circa ein Drittel seines Lebens mit Schlafen verbringt. Schlaf wird definiert als regelmäßig wiederkehrender, physiologischer Ruhezustand bzw. Erholungszustand, bei dem sich Bewusstseinslage und Körperfunktionen ändern. Schlafen ist ein in sich rhythmisches Geschehen, welches einhergeht mit relativer motorischer und sensorischer Ruhe. Zudem werden während des Schlafens die Reaktionen auf äußere Reize reduziert. Weiterhin fällt der Blutdruck leicht ab, es kommt zum Abnehmen der Herzfrequenz sowie zur Herabsetzung der Stoffwechselfunktionen und der Körpertemperatur.

Regelmäßiges Schlafen ist für die meisten Menschen ein selbstverständlicher Vorgang. Jedoch hat auch ein Großteil der deutschen Bevölkerung, etwa 42 %, mit immer wiederkehrenden Schlafproblemen zu kämpfen. 15 % davon leiden an regelmäßigen Schlafstörungen, die behandelt werden müssen. Von einer erstzunehmenden Schlafstörung spricht man, wenn der schlechte Nachtschlaf den Alltag beeinträchtigt, etwa weil man ständig müde ist und diese Störung länger als vier Wochen anhält (ANONYM, 2012; WIEGAND, 2008; KRÄTZIG, 2001).

2. Schlafenszeit und Schlafeinleitung

Unsere „innere Uhr", wie umgangssprachlich der circadiane Rhythmus genannt wird, ist wesentlich für einen regelmäßigen Wach-Schlaf Rhythmus verantwortlich. Als circadianen Rhythmus werden in der Chronobiologie (Lehre von der zeitlichen Organisation physiologischer Prozesse) die endogenen (inneren) Rhythmen, die eine Periodenlänge von 24 Stunden haben, bezeichnet. Die innere Uhr kalibriert sich bei gesunden Menschen konsequent am Wechsel von Tag und Nacht und ist zudem für den Hormonhaushalt des Körpers maßgeblich verantwortlich, worüber auch das Schlafbedürfnis des Menschen geregelt wird. Der zweite Einflussfaktor, der neben dem Tag-Nacht-Wechsel das Schlafbedürfnis regelt ist die Zeit, die seit dem letzten Aufwachen vergangen ist (ANONYM, 2005).

Drei funktionelle Systeme im Gehirn sind an der Schlafeinleitung beteiligt. Hierbei sind unter funktionellen Systemen Gruppen von Nervenzellen zu verstehen, die als zusammengehörig angesehen werden können, da sie sich gemeinsame Aufgaben teilen. Eine der Nervenzellgruppen, die die Schlafeinleitung kontrollieren, sitzt im Gebiet des Hirnstammes und wird als Formatio reticularis bezeichnet. Daneben sind noch zwei Zwischenhirngebiete, der Thalamus und der Hypothalamus an der Schlafeinleitung beteiligt. Die Formatio reticularis hat die Funktion als Signalgeber für Wachheit und gehört deshalb zu den so genannten Aufsteigenden Reticulären Aktivierenden Systemen (ARAS). Diese Aufmerksamkeits- oder Weck-Funktion wird durch die Formatio reticularis über Botenstoffe (Neurotransmitter), Noradrenalin und Acetylcholin ausgeübt, mit denen der Thalamus erregt wird. Innerhalb der Formatio reticularis gibt es weitere komplexe Verschaltungen wie auch mit den Raphekernen, die mit ihrem Transmitter Serotonin vor alle beim Einschlafen einen hemmenden Einfluss auf alle noradrenergen Systeme ausüben. Beim Einschlafen wirken die Nervenzellgruppen des Hirnstammes über verschiedene Wege bremsend auf die Aktivität des Thalamus. Dabei wird der Transmitterstoff Gamma-Aminobuttersäure eingesetzt, Damit existieren zwei Wege, über die das Aufsteigende Reticuläre Aktivierende System den unspezifischen Thalamus erreicht. Zum einen direkt zur Aktivierung und Erhöhung der Aufmerksamkeit oder indirekt über zwischengeschaltete hemmende Nervenzellen, die zur Abnahme der Aufmerksamkeit und damit schließlich zur Schlafeinleitung führen. Damit ist das ARAS einerseits für die Wachheit und andererseits für die Schlafeinleitung zuständig. Daneben wirkt das gleiche Kerngebiet im Hirnstamm (Formatio reticularis) bremsend auf die Aktivität von Nervenzellen im Rückenmark, wodurch eine allgemeine Schlaffheit der Muskulatur (Atonie) erreicht wird. Damit ist der Mensch nicht nur müde, sondern bewegt sich auch weniger. Dadurch kommt es dazu, dass beim Einschlafen im Sitzen der Kopf nach vorn fällt.

Über den Hypothalamus erfährt das Gehirn auch das es Zeit zum Schlafen ist. Der Hypothalamus ist mit dem Auge und der Sehbahn verbunden und produziert bei Dunkelheit weniger vom Transmitter Histamin und dem Peptid Orexin, welches zu einer gesteigerten Aufmerksamkeit führt und einen maßgeblichen Einfluss auf das Schlaf-Wach-Verhalten des Menschen hat. Desweiteren trägt die vermehrte Melatoninausschüttung in den Abendstunden zur Schlafeinleitung bei.

Zudem besitzt der Körper weitere Mediatoren, die ein erhöhtes Schlafbedürfnis bewirken. So entsteht bei großen Stoffwechselleistungen vermehrt Adenosin, welches Müdigkeit verursacht. Aber auch Entzündungsmediatoren wie Interleukin-1, die bei einer von Fieber begleiteten Krankheit frei werden, führen zu einem erhöhten Schlafbedürfnis (ANONYM, 2012).

3. Schlafphasen

Der Schlaf ist rhythmisch gegliedert und lässt sich in verschiedenartige Schlafstadien unterteilen. Während des gesunden Schlafes beginnen die Nervenzellverbände sich zu synchronisieren, das heißt sie feuern ihre Aktionspotenziale im gemeinsamen Takt. Diese verschiedenen Rhythmen können durch das Ableiten elektrischer Ströme mittels einer Elektroenzephalografie (EEG) gemessen und damit sichtbar gemacht werden. Je nach Schlaftiefe und dem damit verbundenen charakteristischen Muster lässt sich der Schlaf in verschiedene Stadien einteilen. Nach der Amplitude und der Frequenz dieser „inneren Rhythmen" werden die folgenden Stadien unterschieden.

Einschlafphase:
Der Mensch befindet sich im Dämmerzustand zwischen Wach sein und Schlafen. Dabei kommt es zu langsam rollenden Augenbewegungen und die Muskelspannung ist bereits reduziert. Aus dieser Phase ist man durch geringe Reize weckbar.

Phase I – leichter Schlaf:
In dieser Phase befindet man sich kurz nach dem Einschlafen und das Gehirn geht von den Alphawellen über zu Thetawellen (4 bis 7 Hz). Die Muskelspannung wird weiter reduziert, das bewusste Wahrnehmen der Umgebung entschwindet langsam und die Augen sind ohne Bewegung.

Phase II
In dieser Phase treten weiterhin Thetawellen auf, jedoch kommen jetzt sogenannte Schlafspindeln und K-Komplexe hinzu. Dieses Schlafstadium wird im Laufe eines 8-Stunden Schlafes zunehmend länger und nimmt mehr als 50 Prozent des Gesamtschlafes ein.

Phase III – Beginnender Tiefschlaf

Jetzt kommt es zum vermehrten Auftreten von Deltawellen, wobei es sich um langsame Wellen (0,1 bis < 4 Hz) mit einer hohen Amplitude handelt. Diese machen insgesamt 20 bi 50 Prozent der gemessenen Hirnwellen aus. Zudem nimmt die Muskelspannung weiter ab und die Augen sind weiterhin ohne Bewegung.

Phase IV – Tiefschlaf

In dieser Phase machen Deltawellen nun mehr als 50 Prozent der gemessenen Hirnwellen aus. Es handelt sich um die tiefste Schlafphase, entsprechend desorientiert und verschlafen wirken Probenden, die aus dieser Phase geweckt werden. In dieser Schlafphase können Phänomene wie Schlafwandeln oder Sprechen im Schaf auftreten.

Die Trennung zwischen Phase III und IV ist allerdings nicht eindeutig festgelegt, so dass diese beiden Phasen oftmals gemeinsam betrachtet und auch als Slow-Wave-Sleep bezeichnet werden.

Insgesamt werden die ersten vier Stadien auch Non-REM-, NREM- oder orthodoxer Schlaf genannt.

Phase V – REM-Schlaf

Der sogenannte REM-Schlaf (englisch für *rapid eye movement*), auch Traumschlaf oder paradoxer Schlaf genannt unterscheidet sich in vielerlei Hinsicht von den anderen Schlafphasen. Das EEG ähnelt dem aus Schlafphase I, wo Theta-Wellen überwiegen. Jedoch kommt es in unregelmäßigen Abständen zu schnellen, richtungslosen Bewegungen des Augapfels mit einer Frequenz von 1 bis 4 Hz. Zudem sind die Skelettmuskeln maximal relaxiert, mit Ausnahme der Augenmuskulatur. Weiterhin kommt es zu einer Aktivierung der der meisten vegetativen Funktionen mit Erhöhung des Blutdruckes, der Atmung- und Herzfrequenz sowie zu einer erhöhten Durchblutung des Genitals. Darüber hinaus wird das Stresshormon Adrenalin vermehrt ausgeschüttet und die Magen- und Zwölffingerdarmaktivität steigt. Zudem wird in dieser Phase geträumt und der Schlafende ist nur schwer weckbar. Traumberichte bei Weckungen in dieser Phase sind deutlich lebendiger, visueller und emotionaler als bei Weckungen in anderen Phasen.

Die Dauer der einzelnen REM-Phasen liegt zu Beginn des Nachtschlafes bei durchschnittlich fünf bis zehn Minuten und wird in den folgenden Phasen immer länger. Die durchschnittliche Gesamtdauer dieser Phase pro Nacht liegt bei einem Erwachsenen bei ca. 104 Minuten. Föten und Neugeborene dagegen verbringen fast die gesamte Schlafdauer im REM-Schlaf. Damit scheint es einen Zusammenhang zwischen dem REM-Schlaf und der Reifung des Zentralen Nervensystems zu geben.

4. Schlafrhythmus und Schlafdauer

Um den Schlaf aufrechtzuerhalten variieren funktionelle Systeme des Gehirns die Schlaftiefe in zeitlichen Abständen. Dieser sogenannte Schlafrhythmus ist ein zyklischer Prozess bei dem sich die Tiefschlafphasen, in denen der Schlafende schwerer zu wecken ist, mit einem weniger tiefen Schlaf abwechseln.

Die Phasen bis Schlafphase IV mit anschließendem REM-Schlaf werden etwa fünf- bis siebenmal pro Nacht wiederholt. Wobei ein solcher Schlafzyklus etwa 90 Minuten dauert, der sich auch in der Wachzeit weiter fortsetzt und zu Phasen wechselnder Leistungsbereitschaft führt. Im Verlauf der Nacht nehmen die Tiefschlafphasen zeitlich ab und die REM-Phasen zu. Schließlich wird das Stadium IV im späteren Verlauf der Nacht gar nicht mehr erreicht. Wenn sich gegen Ende des Schlafes, üblicherweise nach 6 bis 7 Stunden, diese Schlafphasen in immer kürzeren Abständen abwechseln, wird der Schlafende wach.

Mit dem Alter verändert sich auch das Schlafmuster. Alte Menschen schlafen nachts oft nur noch wenige Stunden und schlafen dafür am Tag nochmal ein bis zwei Stunden. Säuglinge hingegen schlafen den ganzen Tag, mit jeweils kurzen Pausen. Bei Erwachsenen konzentriert sich der Schlaf auf eine bestimmte Zeit, meist in der Nacht.

Die optimale, tägliche Menge an Schlaf für den Menschen sowie deren Verteilung über den Tag ist wissenschaftlich umstritten. Lange standen die negativen Folgen von Schlafmangel im Mittelpunkt, jedoch scheint auch zu langes Schlafen unliebsame Folgen nach sich zu ziehen. Studien aus den USA und Japan belegen, dass die für Erwachsene oft genannten „acht Stunden am Tag" schon zu lang sind und das Optimum wohl eher bei sechs bis sieben Stunden liegt, was auch der Durchschnittsschlafzeit in Deutschland (6 h 59 min) entspricht.

Das individuelle Schlafbedürfnis jedes Menschen schwankt. Nach Meinung des Schlafforschers Peretz Lavie ist jedoch von einem schlafgesunden Menschen auszugehen, wenn dieser sich nach einer täglichen Schlafdauer von bis zwölf Stunden wohlfühlt. In der folgenden Tabelle ist das durchschnittliche Schlafbedürfnis des Menschen in Abhängigkeit vom Alter pro Tag aufgeführt.

Tab. 1 Durchschnittliches Schlafbedürfnis des Menschen in Abhängigkeit vom Alter

Alter	Durchschnittliches Schlafbedürfnis pro Tag
Neugeborene	bis zu 18 Stunden
1 – 12 Monate	14 – 18 Stunden
1 – 3 Jahre	12 – 15 Stunden
3 – 5 Jahre	11 – 13 Stunden
5 – 12 Jahre	9 – 11 Stunden
Jugendliche	9 – 10 Stunden
Erwachsene und Ältere	6 – 8 Stunden
Schwangere	8 (+) Stunden

Das individuell unterschiedlich ausgeprägte Schlafbedürfnis kann nicht durch falsch verstandenes „Training" ausgeschaltet oder längerfristig ignoriert werden, ohne dass der Organismus Schaden nimmt. Die Menschen die einen erhöhten Schlafbedarf haben, sollten ihren alltäglichen Lebensrhythmus nach Möglichkeit darauf einstellen. Die optimale Schlafdauer jedes Menschen hängt dabei vom circadianen Rhythmus ab. Damit ist der Schlaf zur falschen Tageszeit relativ ineffizient. Am besten ist der Zeitpunkt zum Schlafen wenn zum einen die maximale Melatoninkonzentration im Blut und die minimale Körpertemperatur vorliegen.

5. Funktionen des Schlafes

Bis heute gibt es keine vollständig gesicherte Erklärung zum genauen Zweck des Schlafes. Es gibt jedoch mehrere Theorien bzw. Hypothesen zur Notwendigkeit des Schlafes. Dazu gehören unter anderem die regenerative Hypothese (Erholung der Organe), die adaptive Hypothese (Erhaltung), die psychische Hypothese (zur Verarbeitung von Erinnerungen) und die Kalibrations-Hypothese (um Organfunktionen zu kalibrieren).

Die regenerative Hypothese besagt, dass der Schlaf der Erholung und Regeneration der Organe dient. Dafür spricht, dass nach ausreichend Schlaf viele Körperfunktionen besser in Gang kommen als nach einer langen Wachphase. Jedoch sind auch nicht alle Körperfunktionen im Schlaf ausgeschalten. Zudem fördert Schlaf die Wundheilung. Denn eine Studie aus dem Jahr 2004 zeigt auf, dass Schlafentzug die Heilung von Brandwunden bei Ratten negativ beeinflusst. Weiterhin hat Schlafentzug einen negativen Einfluss auf das Immunsystem. In einem Versuch wurden Ratten 24 Stunden am Schlafen gehindert. Verglichen mit der Kontrollgruppe war der Anteil der weißen Blutkörperchen um 20 Prozent reduziert. Zudem beeinflusst Schlaf den Metabolismus. Das zeigte sich darin, dass Menschen ohne Schlafstörungen eine deutlich höhere Stoffwechselrate aufwiesen, als die Menschen mit einer Schlafstörung.

Die adaptive Hypothese hingegen geht davon aus, dass der Schlaf der Aufrechterhaltung des ökologischen Gleichgewichtes auf der Erde und nicht der Regeneration des Organismus dient. Erklärt wird die Hypothese folgendermaßen: Lebewesen, die Schlafen, fressen nicht und benötigen damit weniger über die Nahrung zugeführte Energie. Belegbar machen das Beobachtungen großer Raubtiere, die im Allgemeinen besonders lang schlafen, um eine „Überweidung" des Jagdgebietes zu vermeiden. Somit bekommen die potenziellen Beutetiere einen zeitlichen Vorsprung um sich zu vermehren.

Die psychische Hypothese sieht die Aufgabe des Schlafes darin, dem Gehirn die Möglichkeit zu geben sich von überflüssigen Informationen zu trennen. Zudem sollen Erfahrungen der Wachphasen verarbeitet und eingeordnet, sowie positive und negative Gefühle im Traum aufgearbeitet werden. Es ist erwiesen, dass Menschen, die nicht träumen, weil ihre REM-Phase verhindert wird, oftmals psychisch erkranken.

Die Kalibrations-Hypothese besagt schließlich, dass Schlaf dazu dient, die einzelnen Körpersysteme wieder in einen gemeinsamen Rhythmus zu bringen, das heißt harmonisch aufeinander abzustimmen. Es wird davon ausgegangen, dass nach ausreichendem Schlaf alle Organe und sonstigen Körperfunktionen nach einem bestimmten inneren Programm ablaufen. Es kommt jedoch im Laufe des Tages zu Unregelmäßigkeiten. Im Schlaf werden die Systeme wieder rekalibriert, so dass sie nach dem Aufwachen erneut in Einklang arbeiten (ANONYM, 2012 b).

6. Schlafbeinflussende Faktoren

Es gibt viele Faktoren die den Schlaf beeinflussen, ein Faktor sind die äußerlichen Gegebenheiten wie die Beschaffenheit des Bettes, Wärme oder Kälte, frische Luft, Ruhe aber auch persönliche Gewohnheiten, wie beispielsweise Lesen im Bett oder spazieren gehen vor dem Zubettgehen. Aber auch Umweltfaktoren haben einen Einfluss auf den Schlaf und können Ursache für Störungen von Ruhe und Schlaf sein. Zu solchen Umweltfaktoren gehören Lärm und Unruhe sowie die Lichtverhältnisse aber auch die Wohnverhältnisse bzw. die Räumlichkeiten spielen eine Rolle. Weiterhin haben seelisch-geistige Aspekte und soziokulturelle Faktoren Einfluss auf den Schlaf, genauso wie psychische Faktoren, wozu die persönliche Stimmung aber auch Ängste, Sorgen und Gedanken gehören (BRÖG-KURZEMANN, SIEBER, WEH; 2000; ANONYM; 2010).

7. Pathologie des Schlafes

Schlaf ist essentiell für die Gesundheit eines Organismus. Ein Mangel dieser Essenz an Regeneration kann weitreichende Probleme mit sich ziehen. Es können sich in Folge zahlreicher Faktoren Schlafstörungen ausbilden. Dabei sind ca. 100 verschiedene Schlafstörungen bekannt. Ursachen für Schlafstörungen können endogene bzw. exogene Reize sein oder auch spezielle Erkrankungen.

Tab 2: Schlafstörungen durch exogene Reize, endogene Reize und bei Krankheiten

Exogene Reize	Endogene Reize	Krankheiten
Geräusche und Lärm	Schmerzen, Schmerzmediatoren	Herzrhythmusstörungen, Herzinsuffizienz
Nicotin, Zigarettenrauch u.a. Noxen in der Raumluft	Fieber	Psychosomatische Krankheitsbilder
Drogen unterschiedlicher Art	Histaminüberschuss	Enzephalitis, Meningitis
falsche Ernährungsgewohnheiten	Hormonelle Dysregulation	Schlafkrankheit (von Parasiten ausgelöste Meningoenzephalitis)
Psychischer Stress	Toxische Metabolite, z.B. Anstieg harnpflichtiger Substanzen	Polyneuropathien (bei Diabetes mellitus, chronischer Niereninsuffizienz, alkoholismus)
Medikamenteneinwirkungen	Elektrolyt-Verschiebung	Z. n. schweren Verletzungen, OP und Narkosen

Grob gesagt, können Schlafstörungen in *Einschlafstörungen* und *Durchschlafstörungen* eingeteilt werden. Ersteres bezieht sich auf den Wunsch einschlafen zu wollen, dies aber nicht zu können oder in bestimmten Fällen wach bleiben zu wollen, aber einschlafen zu müssen. Durchschlafstörungen äußern sich in der Form, dass Betroffene aus dem Schlaf erwachen und nicht mehr in der Lage sind diesen wieder aufzunehmen. (KRÄTZIG, 2001)

Nach der International Classification of Sleep Disorders (ICSD) wird in mehrere Unterarten der Schlafstörungen eingeteilt:

Bei sog. *Dyssomnien* ist die Dauer, Qualität oder der Ablauf des Schlafes verändert. Die Folge sind Einschlaf-, Durchschlafstörungen und Tagesschläfrigkeit (Hyper-somnie). Schlafdefizite, die generell durch Einschlaf- oder Durchschlafstörungen hervor-gerufen werden, werden als *Insomnien* bezeichnet. Kommt es zur Veränderung des Schlafablaufes, aber nicht des Ein- und Durchschlafens bzw. liegt keine Hypersomnie vor, wird von einer *Parasomnie* gesprochen. Dazu zählen auch Schlafwandeln und nächtliches Zähneknirschen. (SIEMS et. al.; 2009)

Ernährungstechnisch ist die Abwesenheit von Schlaf negativ zu bewerten, so nehmen Personen bei Schlafmangel leichter an Gewicht zu. Dies liegt daran, dass im Schlaf das Appetit hemmende Hormon Leptin frei wird, ohne Schlaf wird dieses ungenügend frei gegeben und Betroffene nehmen daher häufiger Lebensmittel zu sich, damit mehr Kalorien, woraus wiederrum eine positive Energiebilanz und eine Gewichtszunahme resultieren. (DRIESSEN; 2009)

Im Zusammenhang mit Schlafstörungen sind Erscheinungen wie Schlafapnoe, Restless-Legs-Syndrom, Störung des Schlaf-Wach-Rhythmus, Narkolepsie und Letale familiäre Insomnie zu nennen.

Das *Schlafapnoe-Syndrom*, an dem circa 800.000 Menschen in Deutschland leiden, ist eine Erkrankung, bei der es zu Atemstillständen (Apnoen) während des Schlafens kommt. Die Ursache der Schlafapnoe ist eine Entspannung der ringförmigen Muskulatur der oberen Atemwege im Schlaf. Dadurch sind der Nasen- bzw. Mundrachen nicht mehr in der Lage dem beim Einatmen entstehenden Unterdruck ausreichend Widerstand entgegenzusetzen. Somit fällt der obere Teil der Atemwege zusammen, wodurch es zur Behinderung dieser kommt. In der Folge treten krankhafte Atemstillstände auf, die länger als 10 Sekunden andauern. Folglich kommt es zu einem Abfall des Blutsauerstoffgehaltes, wodurch eine Mangelversorgung des Gewebes hervorgerufen wird. Damit die Atmung wieder einsetzt, kommt es zu einer Weckreaktion des Körpers. Letztlich wird damit die physiologische Struktur des Schlafes zerstört und die Erholungsfunktion behindert. Dem Schlafapnoe-Syndrom kann keine einzelne Ursache zugeordnet werden. Es gibt jedoch mehrere Risikofaktoren die eine Schlafapnoe begünstigen können. Dazu gehören unter anderem Adipositas, Polypen der Atemwege oder eine Nasenscheidewandverkrümmung, vergrößerte Rachenmandeln, Alkoholkonsum, Schlafmittel und Nikotin. Geprägt wird dieses Syndrom durch eine ausgeprägte Tagesmüdigkeit bis hin zum Einschlafzwang. Weitere Symptome sind Schnarchen, Durchschlafstörungen, ein unruhiger Schlaf, Kopfschmerzen und Mundtrockenheit beim Erwachen, nächtliches Schwitzen und depressive Verstimmungen.

Unbehandelt können chronische Gesundheitsstörungen auftreten und zwar Herz-Kreislauferkrankungen, wie Bluthochdruck, Herzinfarkte sowie Schlaganfälle. Zudem kann es auch zum plötzlichen Herztod kommen, ebenso sind Depressionen, gehäuftes Auftreten von Stress-Erkrankungen, wie Magengeschwüre, Tinnitus und Hörsturz beschrieben (ANONYM, 2005; ANONYM, 2013).

Restless-Legs-Syndrom bedeutet übersetzt Erkrankung der unruhigen, ruhe- oder rastlosen Beine, bei dem die Patienten unter unangenehmen Missempfindungen oder Bewegungsdrang in den Beinen leiden, sobald sie zur Ruhe kommen. In der Regel ist dies am Abend und in der Nacht, wenn sich ein Ziehen, Reißen oder Kribbeln in den Beinen bemerkbar macht. Aus diesem Grund können diese Menschen nachts schlecht oder gar nicht einschlafen. Die Beschwerden werden durch die Patienten recht unterschiedlich beschrieben. Sie können einseitig, beidseitig oder auch abwechselnd auf der einen oder anderen Seite auftreten. Neben den Beinen können auch die Arme oder auch in seltenen Fällen die Brustwand betroffen sein. Erst wenn sich der Patient bewegt lassen die Beschwerden nach. Dieser Umstand führt zwangsläufig zu Schafstörungen, so dass die Erholung die der Körper durch den Schlaf bekommt, sich nicht einstellt. Der entstehende Schlafentzug führt zu Tagesmüdigkeit, kognitiven Leistungseinbußen und depressiven Verstimmungen.

Es handelt sich um eine neurologische Erkrankung, die wahrscheinlich auf einem Defekt bei der Übertragung von Nervensignalen beruht. Fünf bis zehn Prozent der Bevölkerung sind betroffen, wobei Frauen doppelt so häufig betroffen sind wie Männer. Es können genetische Ursachen vorliegen aber auch bestimmte Erkrankungen wie Dialysepflichtige Niereninsuffienz, Schilddrüsenfunktionsstörungen, Anämie durch Eisenmangel, Rheumatoide Arthritis, Eisenmangel, Stoffwechselstörungen, sowie eine Schwangerschaft und verschiedene Medikamente können das Restless-Legs-Syndrom auslösen.

In den meisten Fällen kann dieses Syndrom allerdings mit Medikamenten behandelt werden (ANONYM 2005; ANONYM 2012 a).

Störungen des *Schlaf-Wach-Rhythmus* sind primär nicht als Schlafstörung zu bewerten, sondern als Einschlafproblem bzw. stellen einen fließenden Übergang zwischen Einschlafstörungen und Problemen dar. In diesem Fall des Einschlafproblems kommt es zur Anomalie zwischen innerer Uhr des Organismus und den äußeren Umständen. Es liegt also eine Disharmonie zwischen Organismus und Umwelt vor. Dabei sind die Begriffe wie Nachtmenschen, welche oft erst nach 24 Uhr einschlafen können und Morgenmenschen, die ab ca. 21 Uhr oft müde Werden, aber um beispielsweise 4 Uhr aufwachen, zu nennen. Der Konflikt zwischen Umwelt und Organismus kann in Zeitzonenwechsel, Schichtarbeit, Verzögertem Schlafphasensyndrom, Vorverlagertem Schlafphasensyndrom, Schlaf-Wach-Störungen bei Abweichung vom 24-Stunden-Rhythmus, Unregelmäßiges Schlaf-Wach-Muster begründet sein.

Bei den genannten Schlafsymptomen handelt es sich um Verschiebungen des Schlafrhythmus auf der 24-h-Zeitachse nach rechts (Nachtmensch) bzw. links (Morgenmensch). Bei Blinden Menschen z.B. kann sich im Rahmen einer *Schlaf-Wach-Störungen*, bei Abweichung vom 24-Stunden-Rhythmus, der Schlafrhythmus täglich um 1-2 h verschieben.

Bei Patienten mit veränderten Gehirnarealen, bei Demenz oder einigen Personen von Geburt an, kann der Schlafzyklus sogar völlig desorganisiert sein (*Schlaf-Wach-Muster-Störung*). (MÜLLER, 2005)

Eine weitere pathogene Form ist die *Narkolepsie,* die sog. Schlafkrankheit. Erkrankte leiden unter plötzlich auftretenden Schlaf, die besonders in emotional verstärkten Momenten eintreten. So rufen Freude oder Leid plötzlichen Schlaf hervor. Dieser dauert einige Minuten, wobei bei der Erkrankung auch unkontrollierter Muskeltonus Verlust (Kataplexie) und/oder Halluzinationen auftreten können. Narkolepsie ist eine neurologische Erkrankung, die genetisch festgelegt ist. In über 90% der Fälle ist das Humane-Leukozyten-Antigen HLADR 2 der Grund für diese Erkrankung. Narkolepsie geht stets mit Schlafstörungen einher und wirkt sich somit auf den Tagesablauf betroffener Personen aus. (WIRTH, 2012)

Eine weitere erblich bedingte Krankheit in Verbindung mit Schlafstörungen ist die Letale familiäre Insomnie. Hierbei wird durch verändere Eiweiße (den Prionen) das

Gehirngewebe angegriffen. Das Gehirn nimmt im Verlauf dieser Prionenerkrankung eine Schwammähnliche Struktur an, wodurch schwere Schlafstörungen entstehen, es folgen Schlaflosigkeit und final der Exitus.

Bei Betroffenen ist zudem die Fähigkeit gestört, verschiedene Körperfunktionen (z.b. Blutdruck, Herzfrequenz, Temperatur) zu regulieren. Nach und nach treten Bewegungsstörungen (Ataxie) auf und die geistige Leistungsfähigkeit nimmt immer weiter ab (Demenz). Zusätzlich wird die Persönlichkeit der betroffenen Person angegriffen. Die letale familiäre Insomnie tritt in der Regel vom 20. bis 70. Lebensjahr auf, wobei das Ausbruchsalter variieren kann. (OMEDA, 2012)

Der Zusammenhang von Schlaf und Gesundheit offenbart sich Angesichts vielerlei möglicher Erkrankungen und Erscheinungen als äußerst komplex und vielseitig.

8. Schlafentzug

Neben ungewollter Schlaflosigkeit bzw. unerwünschten Schlafstörungen ist es rein logisch selbstverständlich auch möglich, Schlaf willentlich Zielpersonen zu entziehen. In allen Fällen von Schlafentzug ergeben sich gesundheitliche Konsequenzen. Erzwungener Schlafentzug kann zum einen als Therapie, zum Andern als Folterinstrument verwendet werden. Generell werden Menschen durch Schlafentzug Physisch und psychisch krank. Eine Schlafentzugs-Therapie ist daher stets unter ärztlicher Aufsicht, in der Regel nur zur Behandlung von Depressionen gängig.

Bei Schlafentzug werden verschiedenste Folgen manifest. So kann es zu Problemen bei der Temperaturregelung des Organismus kommen, Betroffene können schnell überhitzen oder der Organismus weißt eine zu niedrige Temperatur auf. Dies ist ungünstig, da der Stoffwechsel des menschlichen Organismus bei 37 °C optimal arbeitet. Schlafmangel stellt für einen Organismus zusätzliche Anstrengung dar, daher nimmt die Leistungsfähigkeit ab, zudem manifestieren sich so Herz-Kreislauferkrankungen und Immunschwächen leichter. Vor allem kognitive Prozesse werden bei Schlafmangel in Mitleidenschaft gezogen. Das Konzentrationsvermögen nimmt ab, die Aufmerksamkeitsspanne ebenso, Umweltreize werden gedämpft wahrgenommen, dadurch werden Sachverhalte und Situationen immer schwieriger einzustufen. Die Folgen daraus sind mangelnde Motivation, Fehlerhaftes handeln, aggressive Reaktionen. Die genannten Störungen stehen hierbei im Zusammenhang mit dem *präfrontalen Kortex* des Gehirns, der die Rationalität steuert. Mit steigender Menge an Schlaf die ausbleibt, steigt auch die Rate an Sekundenschlaf. Das heißt an plötzlich eintretenden Schlafatacken. Nach 24 h ohne Schlaf steigt Aggressionsbereitschaft eines Menschen, nach etwa 62 h fängt dieser an zu halluzinieren. Nach genannten Störungen und Gewichtsverlust tritt letztlich der Tod bei Schlaflosigkeit ein.

Wie angedeutet kann Schlafentzug zweckmäßig als Behandlungsmethode gegen Depressionen genutzt werden, dabei werden Patienten betreut und überwacht. In 60% aller Fälle zeigt sich schon am Folgetag eine deutlich stimmungsverbesserte Situation, jedoch ist diese Verbesserung nur bei etwa 15% der Patienten, die so behandelt werden, von Dauer. Doch wenn Psychotherapien und Medikamente versagen, ist Schlafentzug eine gängige Behandlungsmöglichkeit von Medizinern.

Doch nicht nur positive Aspekte können gezielt genutzt werden. Das Gefügig machen des menschlichen Bewusstseins durch Schlafentzug ist eine vielseitig praktizierte Foltermethode. In der Sowjetunion und in der DDR wurde Schlafentzug zum Foltern verwendet. Auch in der Gegenwart ist dies eine gängige Foltermethode, denn die Betroffenen weisen langfristig keine Schädigungsspuren auf. Durch äußere Einflüsse, wie z.B. Zellenwechsel alle paar Stunden, sich ändernde Schlafzeiten oder Lärm kann Zielpersonen der Schlaf entzogen werden. Die Folge ist, dass der Willen einer Person gebrochen wird und diese bereitwillig "kooperiert".

(HACKL et. al., 2012; HAUSCHILD, 2012)

Es lässt sich erkennen, dass Schlaf die Basis allen gesunden Bewusstseins und ein höchst potentes Machtelement über den menschlichen Organismus darstellt.

9. Auswirkungen bestimmter Erkrankungen auf den Schlaf

Wie in Punkt 7. ausgewiesen finden Schlafstörungen Ursachen in exogenen und endogenen Faktoren, aber auch in Erkrankungen. "Manche chronischen Erkrankungen gehen mit Symptomen einher, die während des Schlafs auftreten und ihn damit generell beeinträchtigen (PENZEL, 2005)." Im Folgenden wird daher auf die Bedeutung bestimmter Erkrankungen für den Schlaf einer Person eingegangen.

Durch eine *Prostatahypertrophie* beispielsweise verspüren Patienten in der Nacht immer wieder den Drang zu urinieren, dadurch wird ihr Schlaf wiederholt unterbrochen, die Folge ist, dass der nächste Tag mit Müdigkeit und Erschöpfung einhergeht.

Das gleiche Prinzip gilt beim *gastroösophagealen (sauren) Reflux,* dabei kommt es zu brennenden Schmerzen im unteren Brustapparat oder Husten. Sodbrennen sind bekannte Symptome, durch die der Schlaf gestört werden kann.

Eine andere mögliche Erkrankung ist eine *Herzmuskelschwäche* nach einem Herzanfall oder langjährigen hohen Blutdruck. Dabei kommt es Schlaf zur Kurzatmigkeit beim schlafen, nach etwa 1 Stunde wachen Betroffene unter Atemnot auf.

Selbstverständlich können auch Schmerzen zur Unterbrechung der nächtlichen Ruhe führen. So beispielsweise Erkrankungen wie: Rückenschmerzen, Arthritis, Carpal Tunnel Syndrom, Temperomandibulargelenk-Störung (TMJ) und Kopfschmerz (insbesondere Cluster-Migräne) - dies geht mit dem Restless-Legs-Syndrom einher [vgl. Punkt 7].

Auch *Schmerzen in Muskeln und Sehnen* können den Schlaf erheblich beeinträchtigen. Sportliche Aktivität und medizinische Betreuung kann diesen Faktor gut Therapieren.

Der Prozess des *Schnarchens* betrifft zum Einen den Patienten selber, wenn dieses auf Obstruktive Schlafapnoe zurückgeht, zum anderen wird der Schlaf des Bettpartners erheblich gestört. Die sorgt bei beiden Beteiligten für eine nicht ausreichende Erholung, oftmals ist schnarchenden Personen die Gefahr einer Schlafapnoe nicht bewusst.

Auch Atemwegserkrankungen sind in der Lage den gesunden Schlaf zu fragmentieren, so wirken sich Asthma, Bronchitis und Lungenemphyseme auf die Qualität des Schlafes aus. Husten, Atembeschwerden und auch Kurzatmigkeit oder

Atemnot können mit diesen Qualitätseinbußen einhergehen. Nicht zwangsläufig muss der Schlaf unterbrochen werden, aber Erschöpfungserscheinungen werden nach dem Aufwachen manifest. (PENZEL, 2005)

Es wird deutlich, dass Schlafstörungen stets im Zusammenhang mit allen möglichen Faktoren des menschlichen Organismus betrachtet werden müssen, um eine Verbesserung vornehmen zu können.

10. Hinweise für einen gesunden Schlaf

Der Schlaf eines Menschen ist individuell unterschiedlich zu gestalten. Um für einzelne Personen eine möglichst geeignete Schlafqualität zu ermöglichen sind folgende Hinweise hilfreich:

Es werden Personen in Kurzschläfer, Mittellangschläfer und Langschläfer eingeteilt, die Kenntnis über den Schlaftyp ist sehr hilfreich.

Die Position des Schlafes sollte von jedem selber bestimmt werden (Ob Bauch, ob Rücken, ob Seitenlage, ...).

Rituale oder Hilfsmittel erleichtern das Einschlafen, diese können je nach Person unterschiedlich und ebenso verschieden effektiv sein (Milch mit Honig, Spaziergang, Glas Wein).

Vor dem Schlafen selber sollte der Geist ruhen, Sorgen, Probleme etc. sollten ausgeblendet werden. Der Tag sollte Revue passiert werden, um ihn entsprechend zu bewerten und zu verarbeiten. Gebete oder Notizzettel sind hilfreiche Methoden der Verarbeitung von Ereignissen.

Tagsüber sollte Bewegung erfolgen, um die Entspannung im Schlaf zu erleichtern.

Geschlafen sollte nur dann werden, wenn die betreffende Person auch wirklich müde ist.

Unregelmäßige Schlafzeiten, langer Mittagsschlaf, zu viel Alkohol, ein zu voller Magen, zu viel Betätigung kurz vor dem Schlafen gehen, alte Matratzen, zu hohe Raumtemperaturen (Optimum: etwa 16 bis 19 °C) sind für einen guten Schlaf kontraproduktiv.

Bleibt das Einschlafen nach 10 min. Liegezeit aus, so kann eine Tätigkeit von bis zu 45 min aufgenommen werden (maximal 2 Durchgänge), dies ermöglicht bei Bedarf ein gutes Einschlafen. (KRÄTZIG, 2001)

11. Exkurs: Traum

Seit Jahrhunderten gilt der Traum mit Geist und Seele verbunden. Schon manch historische Person wie Abraham Lincoln oder Konstantin der Große meinten Bilder im Traum zu sehen, die ihnen den Weg in die Zukunft weisen. Auf Grund dieser Tatsache versuchte schon so manch Einer Traumbilder in ein Schema der Identifikation zu pressen. So wird noch heute Versucht Traumbilder zur Einstufung von Sehnsüchten, Wünschen, Gefühlen, Prozessen, etc. zu deuten. Jedoch ist das menschliche Bewusstsein so komplex, dass dies gerade einmal das Kratzen an der Oberfläche des menschlichen Bewusstseins darstellt. Es ist für viele Neuropsychologen bis dato unerheblich, was der einzelne Mensch träumt.

Erwiesen ist jedoch, dass Träume in der Slow-Wave-Phase und im Tiefschlaf stattfinden. Sie kehre 3 bis 4 mal nächtlich ein (für ca. 25 min) und sind die Grundlage der zerebralen Regeneration. Träume werden somit als Grundlage für die Programmierung des Gehirns angesehen, wobei der kritisch bewertende Teil im Gehirn ausgeschaltet ist und so auch Wiedersprüche verarbeitet werden. Im Schlaf können Erinnerungen langfristig verarbeitet und somit gespeichert werden.

Während des Träumens finden schnelle Augenbewegungen statt, diese sind als Betrachten des Traumbildes, welches im Schlaf erzeugt wird zu sehen.

Wie für den Schlaf generell gilt, wer nicht Träumen kann wird kurzfristig oder langfristig psychisch und physisch krank. (KALBEN, 2012)

12. Fazit

Schlaf ist nicht nur ein Teil des menschlichen Tagesrhythmus, Schlaf ist Leben! Der Schlaf bildet die Grundlage für die Gesundheit eines Organismus, dessen Verstand, Entwicklung und Fähigkeiten. Die Abwesenheit oder Störung von Schlaf zieht nicht nur gesundheitliche Beschwerden nach sich, sie ist auch im Zusammenhang mit anderen Erkrankungen als Indikator und Ansatzpunkt zur Behandlung zu betrachten.

Für eine Person ist die Verbesserung des Wohlbefindens leicht möglich in der Optimierung ihrer Nachtruhe, daher sollte jeder Mensch sein Bewusstsein bezüglich dem Thema Schlaf schärfen.

Da Schlaf im unmittelbaren Zusammenhang mit dem Gehirn steht, bleiben zukünftig weiter detaillierte Erkenntnisse im Zusammenhang mit Schlaf und Gesundheit zu erwarten.

Literaturverzeichnis

ANONYM (2005)
Schlaf; http://de.wikipedia.org/wiki/Schlaf; gesehen am 27.12.2012

ANONYM (2010)
Schlaf; http://www.pflegewiki.de/wiki/Schlaf; gesehen am 05.01.2013

Anonym (2012)
http://www.welt.de/gesundheit/article5093526/Zu-wenig-Schlaf-macht-dick-dumm-und-krank.html; gesehen am 27.12.2012

ANONYM (2012 a)
Deutsche restless legs Vereinigung; http://www.restless-legs.org/; gesehen am 06.01.2013

ANONYM (2012 b)
Wozu braucht man Schlaf? http://www.schlafen-aktuell.de/glossar/schlaf.htm; gesehen am 06.01.2013

ANONYM (2012 c)
Der Schlaf; http://www.stalmach.com/htm/dreammedi/wissenswertes/schlafen.htm; gesehen am 05.01.2013

ANONYM (2013)
Schlafapnoe-Syndrom; http://de.wikipedia.org/wiki/Schlafapnoe-Syndrom; gesehen am 06.01.2013

BRÖG-KURZEMANN, U., SIEBER, H., WEH, B. (2000)
Grundpflege, Behandlungspflege gegliedert nach AEDL; Vincentz Verlag, Hannover; Kapitel 8 Ruhen und Schlafen; S. 342 f

DRIESSEN, B. (2009)
Zu wenig Schlaf macht dick, dumm und krank
http://www.welt.de/gesundheit/article5093526/Zu-wenig-Schlaf-macht-dick-dumm-und-krank.html; gesehen am 28.12.2012

ERDMANN, S. (2008)
Schlaf-Was ist das? Powerpoint-Präsentation; Universität Leipzig, Institut für Pharmazie; http://www.uni-leipzig.de/~pharm/phfn/schlaf1.pdf; gesehen am 06.01.2013

HACKL, H. & WOLFF, T. (2012)
Schlafentzug ist Folter!
Quarks & Co. Sendung vom 21.04.2012;
http://www.wdr.de/tv/quarks/sendungsbeitraege/2012/0417/002_schlaflosigkeit.jsp; gesehen am 08.12.2012

HAUSCHILD, J. (2012)
Depressionen: Wie Schlafentzug gegen das Seelentief hilft
http://www.spiegel.de/gesundheit/psychologie/depressionen-wie-schlafentzug-gegen-das-seelentief-hilft-a-836071.html; gesehen am 08.12.2012

KRÄTZIG, R. (2001)
Allgemeine Informationen zum Thema Schlaf;
http://www.psychotherapie.onlinehome.de/fachinfo/allgschlaf.html; gesehen am 05.01.2013

MÜLLER, H. T. (2005)
Schlaf- Wach- Rhythmus-Störungen
http://www.schlafgestoert.de/site-17.html#5; gesehen am 04.01.2013

OMEDA REDAKTION (2012)
Letale familiäre Insomnie (FFI)
http://www.onmeda.de/krankheiten/letale_familiaere_insomnie.html
(Stand18.07.2012); gesehen am 05.01.2013

PENZEL, T. (2005)

Auswirkungen von Erkrankungen auf den Schlaf

http://www.charite.de/dgsm/rat/schlaf.html#U7; gesehen am 01.01.2013

SIEMS, W. & BREMER, A.; PRZYKLENK, J. (2009)

"Allgemeine Krankheitslehre für Physiotherapeuten"

1. Auflage, Springer Medizin Verlag, Heidelberg, Stichwort Schlafstörungen, 2009, S. 287 bis 295.

WIEGAND, H.M. (2008)

Schlafmedizinisches Zentrum München; Der normale Schlaf und seine Variationen; http://www.schlafzentrum.med.tum.de/index.php/page/normaler-schlaf; gesehen am 05.01.2013

WIRTH, A. (2012)

Narkolepsie (Schlummerkrankheit)

http://www.schlaflabor-wirth.de/narkolepsie.php; gesehen am 05.01.2013

-